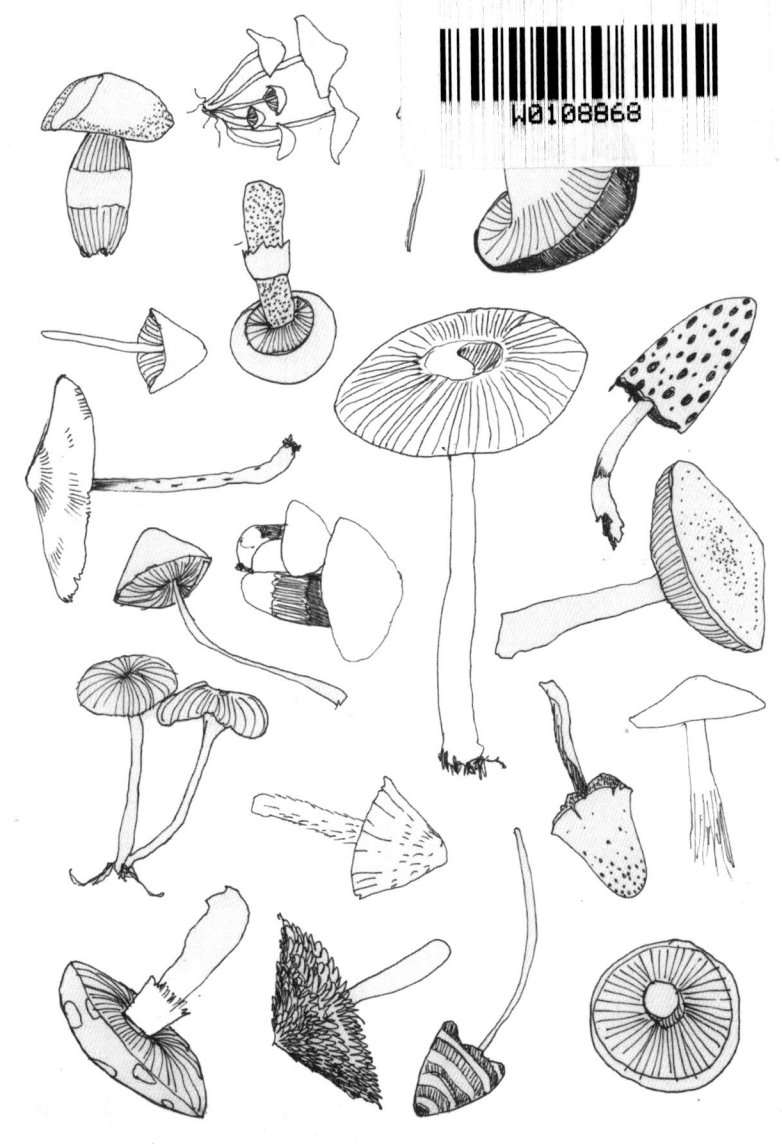

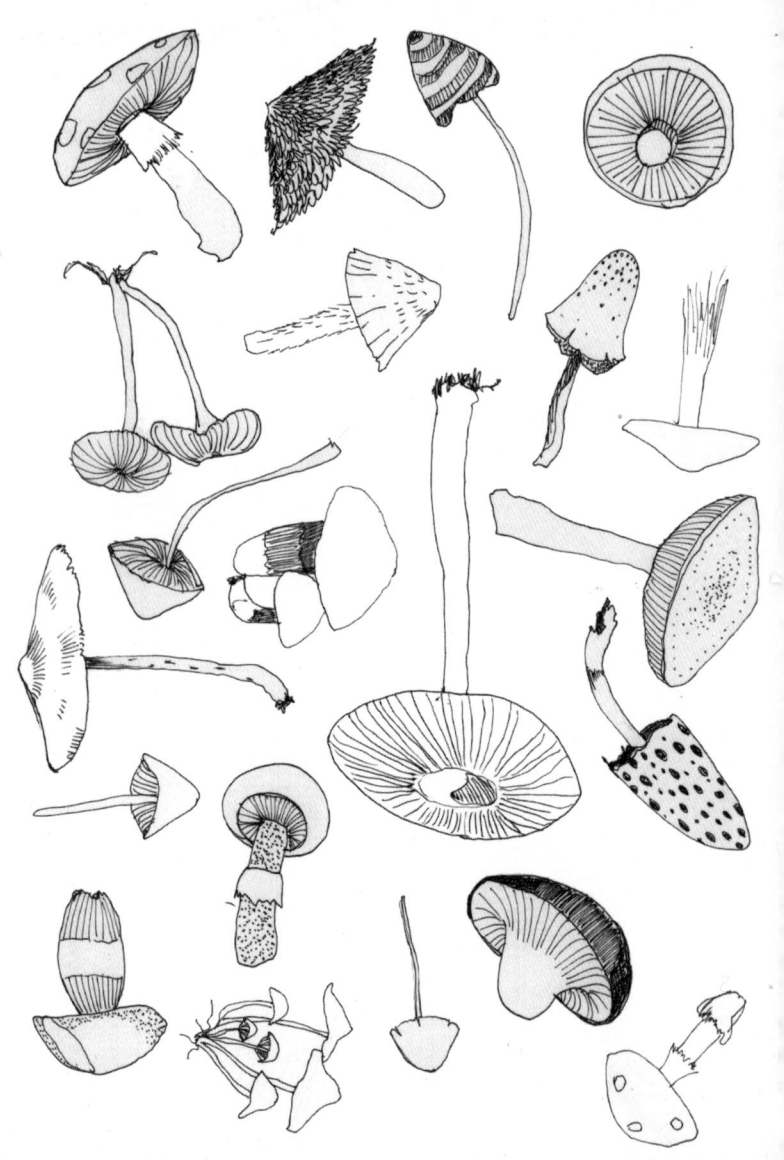

MEINE ILLUSTRIERTE PILZKUNDE

Eden
BOOKS

Vorwort

Das Fleisch der Götter«, so nannten die Azteken Pilze. Nach einer dunklen Nacht waren sie einfach da – wie aus dem Nichts. Sie erschienen oft an der gleichen Stelle wie in den Jahren zuvor, und manchmal wuchsen sie in Form eines Kreises. Logisch, dass angesichts dieser mysteriösen Eigenschaften die Fantasie unserer Vorfahren rund um die Welt in Schwung kam. Daher beziehen sich die Namen der Pilze oft auf eine Welt der Elfen, Hexen und Teufel. Auf Niederländisch bedeutet der Begriff für Pilz – paddenstoel – wörtlich sogar Krötensitz oder Krötenstuhl. Einige Pilze können gegessen werden, andere sind giftig oder befördern Dich geradewegs in eine magische Welt – wie in *Alice im Wunderland*, allerdings auch mit all den gefährlichen Seiten. Ein Stück Pilz abzubrechen und dieses zu essen, birgt etwas Spannendes und Geheimnisvolles. Ist er essbar und vollgestopft mit Nährstoffen? Ist er giftig? Oder wirst Du größer, kleiner oder landest sogar in einer anderen Welt?

Gerard Janssen

SCHOPFTINTLING ODER SPARGELPILZ

Die Kanten des Hutes eines
Schopftintlings kräuseln sich in
Schwarz. Du kannst Tinte daraus
gewinnen, indem du diese Pilze
mit einer Nelke oder etwas
Gummiarabikum kochen lässt.
Ein häufig vorkommender Verwandter
ist der große Faltentintling
(Coprinus atramentarius). Die Pilze
sind essbar, enthalten aber Coprin,
das in Kombination mit Alkohol
giftig ist.

GIFTIG GIFTIG IN KOMBINATION MIT ALKOHOL!

Coprinus comatus

Fundort
....

....

Datum
....

Besonderheiten
....

....

GEMEINER RIESENSCHIRMLING ODER RIESENSCHIRMPILZ

Der Hut des Gemeinen Riesenschirmlings kann bis zu 30 Zentimeter groß werden. Der Pilz steht oft in Gruppen oder in Form eines Hexenkreises. Sein Hut kann gebacken werden.
Nimm dafür Hüte mit einem Durchmesser von mehr als zehn Zentimetern. Kleinere Pilze können eine giftige Art sein, wie z. B. der giftige Fleischbräunliche Schirmling oder der Fleischrosa Schirmling.

macrolepiota procera

Fundort

....

....

Datum

Besonderheiten

....

....

Boletus edulis

GEMEINER STEINPILZ

Dieser Pilz ist eine
Delikatesse und daher der
begehrteste überhaupt.
Auch in der Tierwelt ist
er äußerst beliebt, deshalb
findet man oft Steinpilze,
von denen schon ein Stückchen
abgebissen wurde.

MARONENRÖHRLING

Dieser schmackhafte
Speisepilz sieht aus
wie ein Steinpilz,
aber die Poren verfärben
sich blau, wenn man
sie berührt.

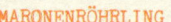

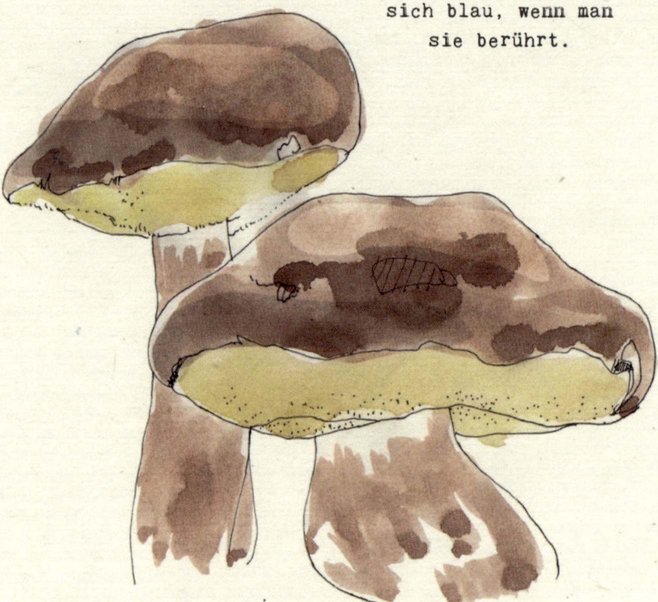

Xerocomus badius

Fundort

....

....

Datum

....

Besonderheiten

....

....

Fundort

....

....

Datum

Besonderheiten

....

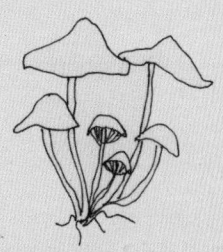

Fundort

....

....

Datum

....

Besonderheiten

....

....

FLOCKENSTIELIGER HEXENRÖHRLING

(Boletus erythropus)
Der Flockenstielige Hexenröhrling wurde 2018 zum
Speisepilz des Jahres gewählt und ist in Bayern aus
keiner Pilzsuppe wegzudenken. Aber Vorsicht: Roh ist
der Pilz giftig.

DICKSCHALIGER KARTOFFELBOVIST

Ein zwiebel- oder knollenförmiger Pilz.
Er gehört zur Familie der Kartoffelbovist-
verwandten. Diese giftigen Pilze
»explodieren«, wenn man sie berührt;
eine braune Staubwolke entweicht. Deshalb
heißen sie im Volksmund auch »Wolfsfurz«.
Laut Dokumenten der spanischen Inquisition
verwendeten Hexen aus dem Baskenland
Bovisten, Frösche und Kröten in ihren
Hexentränken.

GIFTIG

Scleroderma citrinum

SUCHEN · FINDEN · BESCHREIBEN

Fundort

....

....

Datum

Besonderheiten

....

....

SUCHEN · FINDEN · BESCHREIBEN

Fundort

Datum

Besonderheiten

Pleurotus ostreatus

AUSTERNSEITLING

Austernseitlinge sind als
Speisepilze jedem aus dem
Supermarkt bekannt. In
der Natur wachsen sie zum
Beispiel auf Birken, auf
denen sie oft viel größer
werden als die Pilze, die
man kaufen kann.

Fundort

....

....

Datum

....

Besonderheiten

....

....

Cantharellus cibarius

ECHTER PFIFFERLING

Ein beliebter Pilz wegen seines pfeffrigen
Geschmacks und seiner Haltbarkeit. Er sieht
aus wie eine kleine gelbe Trompete.

FALSCHER PFIFFERLING

(Hygrophoropsis aurantiaca)
Er sieht dem Echten Pfifferling sehr
ähnlich, ist nur deutlich dünner.
Der Falsche Pfifferling ist ebenfalls
essbar, obwohl er vielen Menschen nicht
schmeckt. Um sicherzugehen, dass Du den
richtigen erwischt hast, schneidest
Du den Pilz einfach auf: Beim Echten
Pfifferling ist das Fleisch weiß mit
gelbem Rand, während sein weniger
schmackhafter Zwillingsbruder
durchgehend gelb gefärbt ist.

ZEICHNE EINEN PILZ!

Wenn Du zum ersten Mal einen Pilz zeichnest, wirst Du einmal mehr erkennen, wie wunderbar diese Waldbewohner sind. Die weißen Punkte auf einem Fliegenpilz zum Beispiel sind wie weiße Warzen und die Farbe der Pfifferlinge reicht von dunkelbraun bis leuchtend gelb. Kein Pilz gleicht dem anderen. Schau genau hin und Du wirst begeistert sein von diesen vielseitigen Wesen!

Schritt 1: Zeichne zuerst den Hut – dieser ist ein guter Ausgangspunkt für den Rest des Pilzes.

Schritt 2: Sieh Dir den Pilzhut genau an. Ist er rund? Oder oval? Wie breit ist er?

Schritt 3: Zeichne den Stiel des Pilzes.

Schritt 4: Fotografiere den Pilz von unten oder schau unter seinen Hut. Was siehst Du?

Schritt 5: Zeichne die Details.

Schritt 6: Wirf einen Blick auf die Farbe. Gibt es einen Grundton? Straffiere den Pilz ganz leicht mit dieser Farbe und bemale ihn anschließend mit den anderen Farbtönen, die Du siehst.

FLIEGENPILZ

Früher wurde die rote Schale
des giftigen Pilzes mit
Milch und Zucker getränkt
und zum Fangen von Fliegen
aufgehängt - daher der Name.
Schamanen in Russland und
Wikinger in Skandinavien
verwendeten Fliegenpilze
für spirituelle Rituale.

GIFTIG

Amanita muscaria

Fundort

....

Datum

Besonderheiten

....

ZUNDERSCHWAMM

(Fomes fomentarius)

Den Namen trägt er aus gutem Grund: Aus dem Zunderschwamm lässt sich perfekter Zunder herstellen, indem man ihn beispielsweise in Pferdeurin einweicht oder in Wasser kocht. Du kannst damit einen Funken von einem Feuerstein fangen, dann entsteht ein leuchtender Punkt. Halte etwas trockenes Gras dagegen – einem gemütlichen Lagerfeuer steht nichts mehr im Wege. Streng genommen ist der Zunderschwamm zwar nicht giftig, aber praktisch ungenießbar.

Fundort

....

Datum

Besonderheiten

....

Fundort

....

....

Datum

....

Besonderheiten

....

....

Fundort
....

....

Datum
....

Besonderheiten
....

....

Trametes
versicolor

SCHMETTERLINGSTRAMETE

Diese Pilze werden aufgrund
ihrer antibakteriellen
Eigenschaften seit Langem
in der traditionellen
chinesischen Medizin
verwendet - essen kann
man sie allerdings nicht,
auch wenn sie nicht giftig
sind. Die Schmetter-
lingstramete schmeckt
einfach nicht.

GRÜNBLÄTTRIGER SCHWEFELKOPF

Seinen Namen verdankt er seiner
schwefelgelben Farbe. Es ist ein
Verwandter des Spitzkegeligen
Kahlkopfs, der für seine bewusst-
seinserweiternde Wirkung bekannt
ist. Der Schwefelkopf ist giftig.

GIFTIG

Hypholoma fasciulare

Fundort

....

....

Datum

....

Besonderheiten

....

....

Fundort

....

....

Datum

....

Besonderheiten

....

....

Fundort

....

....

Datum

Besonderheiten

....

....

GEMEINER SCHWEFELPORLING

(Laetiporus sulphureus)
»Huhn des Waldes« ist der
Spitzname dieses Pilzes,
weil er gegart nach Hühner-
fleisch schmeckt. Roh ist
er allerdings giftig.

GIFTIG ROH IST DER
SCHWEFEL-
PORLING
GIFTIG!

Fundort

....

....

Datum

....

Besonderheiten

....

....

SUCHEN · FINDEN · BESCHREIBEN

Fundort

....

....

Datum

....

Besonderheiten

....

....

WIESENCHAMPIGNON

(Agaricus campestris)
Die domestizierten Verwandten
dieses Speisepilzes lachen uns aus
jedem Supermarktregal entgegen.

BIRKENPORLING

Wächst auf einer
Birke und wurde früher
als Zunder verwendet.
Unsere Vorfahren
benutzten diesen
Pilz als Medizin,
zum Beispiel als
Heilmittel *gegen*
parasitäre Würmer.
Theoretisch sind
junge Birkenporlinge
essbar, jedoch viel
zu bitter.

Piptoporus betulinus

Fundort
....

....

Datum
....

Besonderheiten
....

....

LEUCHTPILZE

Wenn es im Wald sehr dunkel
ist, geben manche Pilze etwas
Licht ab. Möglicherweise
ist dies die Erklärung für
Irrlichter, die vor allem in
Sümpfen beobachtet werden.
Einige Pilze erzeugen so viel
Licht, dass man mit ihnen ein
Buch lesen könnte. Beispiele
für Leuchtpilze sind der
Herbe Zwergknäueling,
der Honiggelbe Hallimasch
und der sehr seltene
Leuchtende Ölbaumpilz.

Fundort

....

....

Datum

Besonderheiten

....

....

BAUCHWEHKORALLE

Wie der Name schon vermuten lässt: Die Bauchweh-
koralle (Ramaria mairei) ist giftig und verschafft
einem bei Verzehr innerhalb kürzester Zeit
gehörige Magenkrämpfe.

GIFTIG

Ramaria aurea

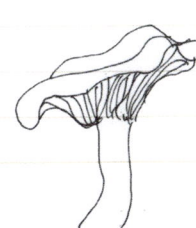

VIOLETTER LACKTRICHTERLING

Dieser essbare Pilz ist nach der Farbe des violetten Quarzes Amethyst benannt. Im Englischen wird er auch als Amethyst-Betrüger (»amethyst deceiver«) bezeichnet, da er nach der Ernte schnell die Farbe wechselt, von violett zu grau.

Laccaria amethystina

Fundort

Datum

Besonderheiten

GIFTIG

Amanita phalloides

GRÜNER KNOLLENBLÄTTERPILZ

Das ist der gefährlichste
Pilz der Welt. Er schmeckt
köstlich, und erst nach
24 Stunden bekommt man
Magenkrämpfe, sodass man
diese möglicherweise gar
nicht mit dem Pilz in
Verbindung bringt. Ein
paar Bissen können tödlich
sein. Mithilfe dieses
Pilzes tötete Agrippina
angeblich ihren Mann
Kaiser Claudius, damit
ihr Sohn Nero den Thron
besteigen konnte.

Fundort

....

....

Datum

....

Besonderheiten

....

....

Dieser Pilz lebt in einer
symbiotischen Beziehung mit
verschiedenen Baumarten,
darunter Fichten, Buchen und
Eichen. Von den Täublingen gibt
es viele Arten in verschiedenen
Farben, von rot, orange und
rosa bis hin zu grün und blau.
Sie werden oft von Schnecken
gefressen. Auch wir Menschen
können den Täubling essen,
besonders gut schmeckt er
allerdings nicht.

Russula ochroleuca

SPITZKEGELIGER KAHLKOPF

(Psilocybe semilanceata)
Der erste Bericht über
eine »Vergiftung« durch
Kahlköpfe stammt aus
dem Jahr 1799, als eine
britische Familie,
nachdem sie Pilze
gegessen hatte, »im
Delirium« landete und
hysterisch lachte.
Seit den Sechziger-
jahren ist bekannt,
dass der Pilz
Psilocybin enthält,
eine LSD-ähnliche
Substanz. Achtung:
In Deutschland ist
das Sammeln dieser
Pilze illegal.

Fundort

....

....

Datum

Besonderheiten

....

....

Fundort

....

Datum

Besonderheiten

....

Fuligo septica

GELBE LOHBLÜTE ODER HEXENBUTTER

Unfassbar: Die Gelbe Lohblüte kann sich nicht nur
bewegen, sondern gezielt Abkürzungen nehmen, um an
Nahrung zu gelangen. Wissenschaftler haben in einem
Experiment gezeigt, dass sie den kürzesten Weg durch
ein Labyrinth findet, an dessen Ausgang Haferflocken
liegen. In Mittelamerika wird dieser Schleimpilz
gelegentlich zubereitet, hierzulande gilt er allerdings als ungenießbar.

Fundort

....

Datum

Besonderheiten

....

SPEISEMORCHEL ODER RUNDMORCHEL

Ein schwammiger Pilz, der nach dem Kochen oder Trocknen verzehrt werden kann. Einer der wenigen Pilze, die im Frühjahr wachsen.

GIFTIG
ROHE MORCHELN SIND GIFTIG!

morchella esculenta

Fundort
....

....

Datum
....

Besonderheiten
....

....

Sei vorsichtig beim Sammeln von
Pilzen. Jeder essbare Pilz kann mit
einer giftigen Art verwechselt werden.
Oder wie ein altes Sprichwort sagt:
»Es gibt alte Pilzsammler und furcht-
lose Pilzsammler, aber es gibt keine
alten furchtlosen Pilzsammler.«

KRAUSE GLUCKE

(Sparassis crispa)
Dieser Speisepilz ist besonders beliebt
bei Waldpilz-Fans. Die junge Krause
Glucke ist eine Delikatesse.

Fundort

....

Datum

Besonderheiten

....

SUCHEN · FINDEN · BESCHREIBEN

Fundort

....

....

Datum

Besonderheiten

....

....

GEMEINE STINKMORCHEL

Das Hexenei, aus dem der namensgebende Gestank kommt, und die jungen Stiele der Stinkmorchel sind essbar. Ein daraus gekochtes Risotto soll angeblich die Männlichkeit stärken.

Phallus impudicus

BUTTERPILZ

(Suillus luteus)
Die Engländer nennen
diesen Pilz auch
Slippery Jack, weil
sich der braune Hut
bei feuchtem Wetter
schleimig anfühlt.
Der Butterpilz ist
essbar, allerdings
vertragen ihn viele
Menschen nicht
besonders gut.

Fundort

....

....

Datum

Besonderheiten
....

....

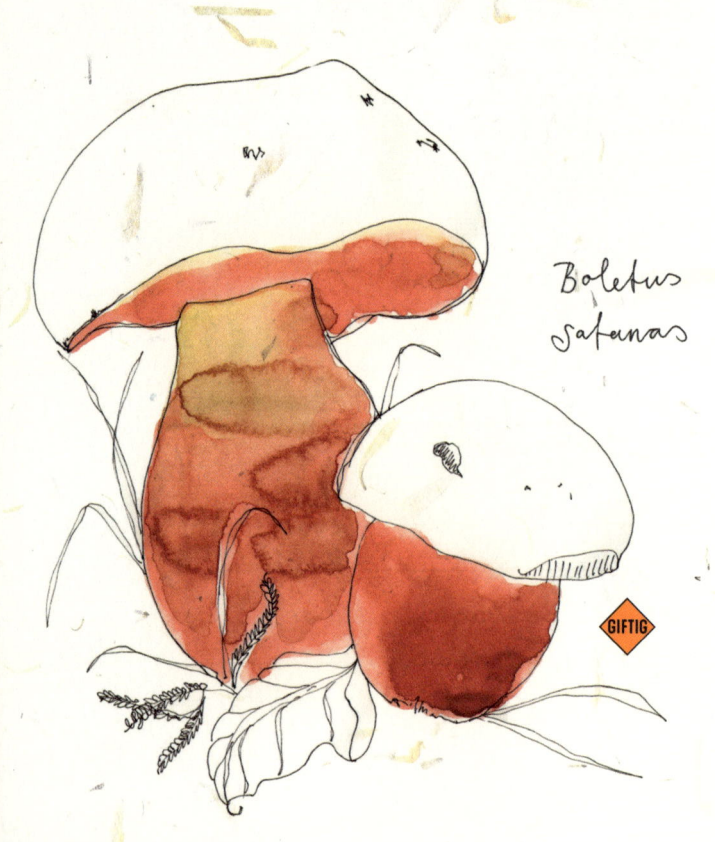

Boletus
satanas

GIFTIG

SATANSRÖHRLING

Dieser seltene
Giftpilz riecht nach
verrottendem Fleisch.
Es gibt Leute, die
behaupten, dass man
ihn essen kann, wenn
man ihn lange genug
kocht. Aber will man
das Risiko wirklich
eingehen? Wohl eher
nicht.

HEXENRING

Früher dachte man, dass
Hexenkreise entstehen, wenn
Hexen im Kreis tanzen, zum
Beispiel in der Walpurgis-
nacht vom 30. April auf den
1. Mai. Andere dachten, dass
der Hexenkreis das Ergebnis
von tanzenden Feen oder
Elfen sei. Im Mittelalter
hielten sich zahlreiche
Mythen: Wenn man in einen
Hexenkreis tritt, kommt
man nicht mehr aus ihm
heraus und bleibt eine ganze
Nacht in Gefangenschaft.
Kröten wurden versteckt,
um alle zu verfluchen,
die in den Kreis traten.
Außerdem dachten die Leute,

man könnte ein Auge verlieren - oder sogar ganz verschwinden.

Hexenringe können Hunderte von Jahren alt werden. Im französischen Belfort wurde ein mehr als 700 Jahre alter Hexenkreis mit einem Durchmesser von mehr als 500 Metern gefunden.

Zu Beginn des neunzehnten Jahrhunderts entdeckten Biologen, dass Hexenkreise aus Stängelflocken wachsen, Myzelfäden, die vom Pilzkern nach außen wachsen, mit etwa gleicher Geschwindigkeit in alle Richtungen.

VIOLETTER RÖTELRITTERLING

(Lepista nuda)

Der lateinische Name Lepista
nuda bedeutet »nacktes Glas«
oder »nackter Becher«.
Der Rötelritterling fühlt
sich wie nackte Haut an.
Roh ist der Pilz giftig,
gekocht oder eingelegt
aber wohlschmeckend.

GIFTIG ROH IST DER
VIOLETTE RÖTEL-
RITTERLING
GIFTIG!

Fundort

....

....

Datum
....

Besonderheiten
....

....

Fundort

....

....

Datum

Besonderheiten

....

....

EDELREIZKER

Die Eigenschaften dieses Speisepilzes fasst der
zweite Teil des lateinischen Namens ausgezeichnet
zusammen: einfach deliziös. Der erste Teil des
Namens stammt daher, dass aus dem Pilz an
verletzten Stellen Milch austritt. Diese kann nach
dem Verzehr den Urin rötlich färben – ähnlich wie
bei roter Bete –, was aber unbedenklich ist.

Lactarius deliciosus

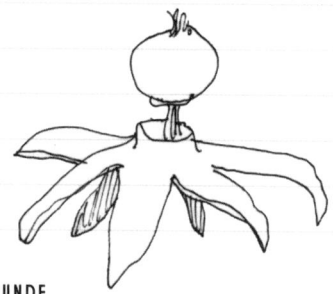

Fundort

Datum

Besonderheiten

WICHTIGE HINWEISE ZUM SAMMELN VON PILZEN

Dieses Buch ersetzt kein detailliertes Bestimmungsbuch für Pilze. Wer »in die Pilze geht«, sollte nur ernten, was er oder sie hundertprozentig kennt oder bestimmen kann. Einige Giftpilze sehen Speisepilzen zum Verwechseln ähnlich. Wer den Pilz nicht eindeutig bestimmen kann, sollte ihn lieber stehenlassen.

NOTRUFKONTAKTE BEI VERGIFTUNG

Berlin, Brandenburg
Giftnotruf: 030 - 19 240
E-Mail: mail@giftnotruf.de
Web: giftnotruf.charite.de

Nordrhein-Westfalen
Giftnotruf: 02 28 - 19 240
Giftnotruf: 02 28 - 287 - 33211
E-Mail: gizbn@ukb.uni-bonn.de
Web: www.gizbonn.de

Mecklenburg-Vorpommern, Sachsen, Sachsen-Anhalt, Thüringen
Giftnotruf: 03 61 - 730 730
E-Mail: ggiz@ggiz-erfurt.de
Web: www.ggiz-erfurt.de

Baden-Württemberg
Giftnotruf: 07 61 - 19 240
E-Mail: giftinfo@uniklinik-freiburg.de
Web: www.giftberatung.de

Hessen, Rheinland-Pfalz
Giftnotruf: 0 61 31 - 19 240
E-Mail: mail@giftinfo.uni-mainz.de
Web: www.giftinfo.uni-mainz.de

Bayern
Giftnotruf: 089 - 19 240
E-Mail: tox@Lrz.tum.de
Web: www.toxinfo.med.tum.de

Schleswig-Holstein, Bremen, Hamburg, Niedersachsen
Giftnotruf (Jedermann): 05 51 - 19 240
Giftnotruf (Fachleute): 05 51 - 38 - 3180
E-Mail: anfragen@giz-nord.de
Web: www.giz-nord.de
Saarland
Giftnotruf: 0 68 41 - 19 240
E-Mail: giftberatung@uniklinikum-saarland.de
Web: www.uniklinikum-saarland.de/de/einrichtungen/
kliniken_institute/kinder-und-jugendmedizin/informations-
und-behandlungszentrum-fuer-vergiftungen-des-saarlandes
Österreich
Giftnotruf: +43 1 - 40 64 343
E-Mail: viz@meduniwien.ac.at
Web: https://goeg.at/vergiftungsinformation
Schweiz
Giftnotruf: +41 44 25 15 151
E-Mail: info@toxi.ch
Web: toxinfo.ch

Viele Gifte wirken fünf bis zwanzig Stunden nach Genuss. Es gibt
aber auch Gifte, die erst nach 24 Stunden wirken. Folgende Vergif-
tungserscheinungen können einzeln oder zusammen auftreten:

- Brechdurchfälle
- Magenkrämpfe
- Fieber
- Herzschwäche
- Schwellung der Leber
- Blut im Urin

GRUNDREGELN BEI VERGIFTUNGEN:
- Sofort den Notarzt rufen!
- Erbrochenes aufbewahren und zum Arzt mitnehmen!
- Putzreste (z. B. die Stiele) der Pilze nicht wegwerfen!

REGISTER

REGISTER

Impressum

Meine illustrierte Pilzkunde
Ein Buch zum Entdecken, Sammeln und Genießen

ISBN 978-3-95910-249-0

Eden Books
Ein Verlag der Edel Germany GmbH
Copyright der deutschen Ausgabe
© 2020 Edel Germany GmbH,
Neumühlen 17, 22763 Hamburg
www.edenbooks.de
www.facebook.com/EdenBooksBerlin
www.edel.com
2. Auflage 2020

Titel der Originalausgabe: Pocket Paddenstoelenboek
Copyright der Originalausgabe: Uitgeverij Snor, 2019
Konzept: Uitgeverij Snor
Text: Gerard Janssen
Illustrationen: Maartje van den Noort
Design: En Publique
Redaktion der dt. Ausgabe: Kanut Kirches
Projektkoordination der dt. Ausgabe: Juliane Noßack

Printed in Turkey

FAMILY MEMBER

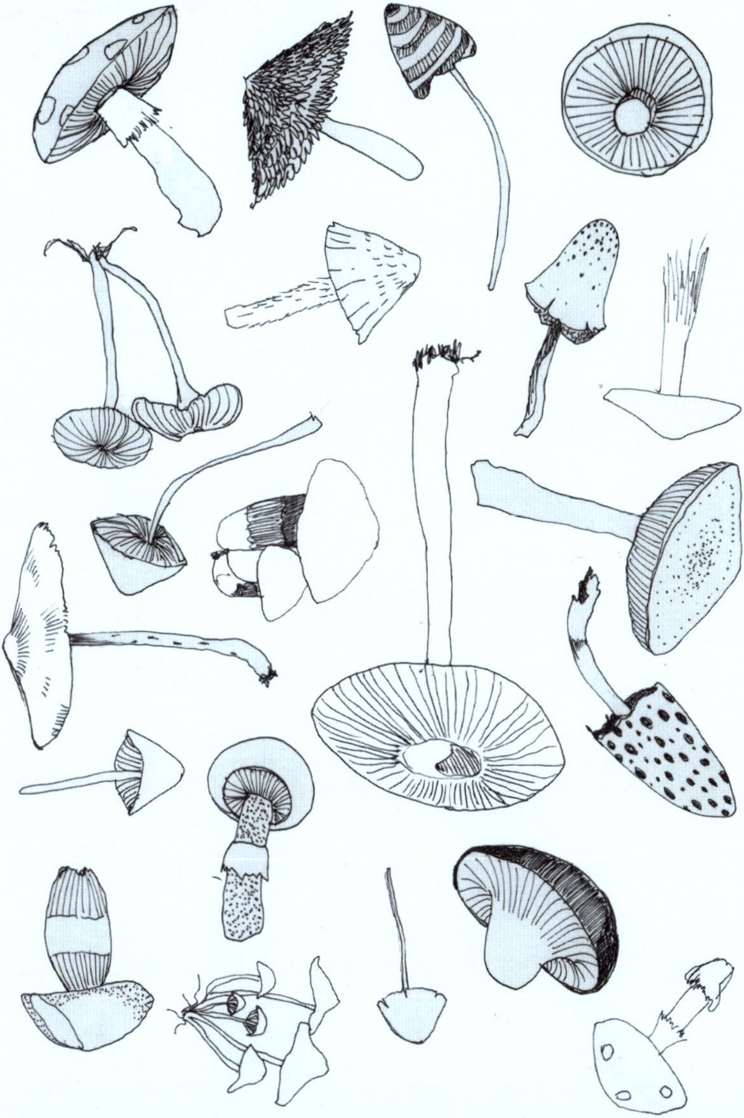

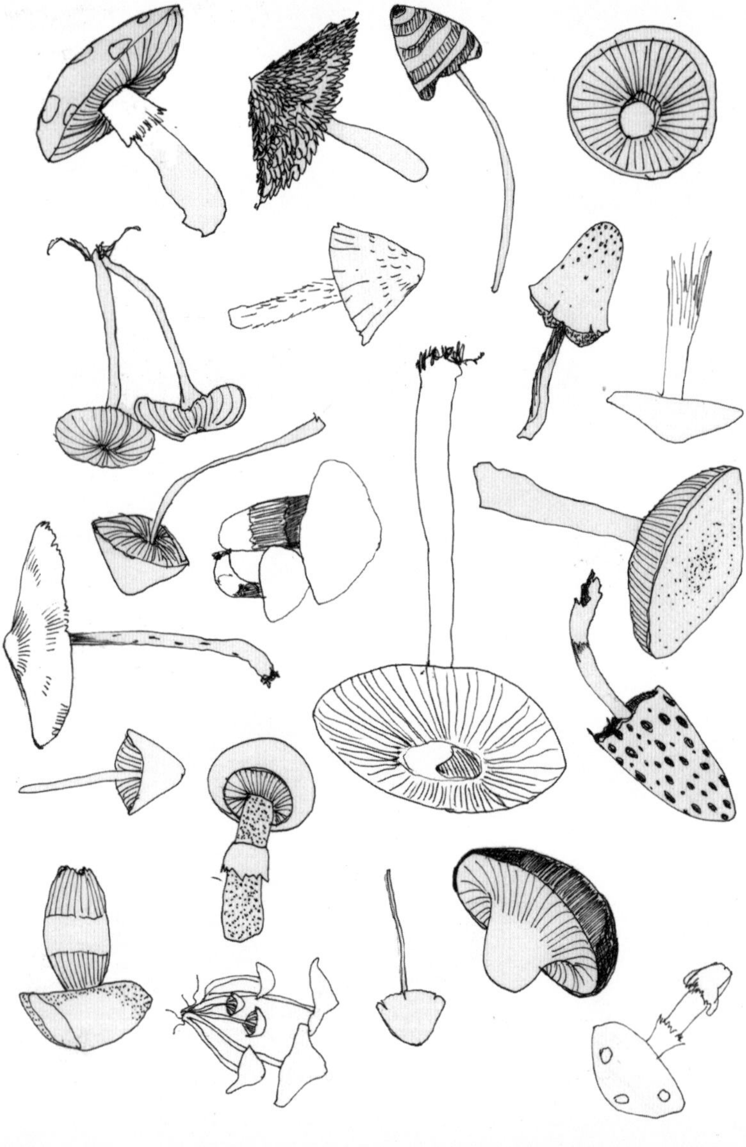